MANUEL

DE

L'AMATEUR DE TRUFFES,

OU

L'ART D'OBTENIR DES TRUFFES,

Au moyen de plants artificiels, dans les parcs, bosquets, jardins, etc., etc.;

PRÉCÉDÉ

D'UNE HISTOIRE DE LA TRUFFE

et d'anecdotes gourmandes,

ET SUIVI

D'UN TRAITÉ SUR LA CULTURE DES CHAMPIGNONS.

PUBLIÉ PAR A. MARTIN,

Auteur du Manuel de l'Amateur de melons.

PRIX : 2 fr.

A PARIS,

CHEZ LEROI, LIBRAIRE-ÉDITEUR,

RUE DU COQ, N. 4;

Et portail du Louvre, vis-à-vis la rue du Coq.

CHEZ AUDIN, LIBRAIRE,

QUAI DES AUGUSTINS, N. 25.

1828.

S

MANUEL

DE

L'AMATEUR DE TRUFFES.

IMPRIMERIE DE MARCHAND DU BREUIL,
rue de la Harpe , n. 3o.

Manuel de l'amateur de Truffes.

*V'là une belle pièce............. et des truffes qu'
ont un parfum...........*

MANUEL

DE

L'AMATEUR DE TRUFFES,

OU

L'ART D'OBTENIR DES TRUFFES,

Au moyen de plants artificiels, dans les parcs, bosquets, jardins, etc., etc.;

PRÉCÉDÉ

D'UNE HISTOIRE DE LA TRUFFE

et d'anecdotes gourmandes,

ET SUIVI

D'UN TRAITÉ SUR LA CULTURE DES CHAMPIGNONS.

Publié par A. MARTIN,

Auteur du Manuel de l'Amateur de melons.

A PARIS,

CHEZ LÉROI, LIBRAIRE-ÉDITEUR,

RUE DU COQ, N. 4;

Et portail du Louvre, vis-à-vis la rue du Coq.

CHEZ AUDIN, LIBRAIRE,

QUAI DES AUGUSTINS, N. 25.

1828.

Manuel de l'amateur de Truffes.

Voilà une belle pièce . . . . et des truffes qui ont un parfum . . . .

MANUEL

DE

L'AMATEUR DE TRUFFES,

OU

L'ART D'OBTENIR DES TRUFFES,

Au moyen de plants artificiels, dans les parcs, bosquets, jardins, etc., etc.;

PRÉCÉDÉ

D'UNE HISTOIRE DE LA TRUFFE

et d'anecdotes gourmandes,

ET SUIVI

D'UN TRAITÉ SUR LA CULTURE DES CHAMPIGNONS.

PUBLIÉ PAR A. MARTIN,

Auteur du Manuel de l'Amateur de melons.

A PARIS,

CHEZ LEROI, LIBRAIRE-ÉDITEUR,

RUE DU COQ, N. 4;

Et portail du Louvre, vis-à-vis la rue du Coq.

CHEZ AUDIN, LIBRAIRE,

QUAI DES AUGUSTINS, N. 25.

1828.

AVANT-PROPOS.

Nous étions entrés, il y a quelque temps, dans le succulent magasin de M. Chevet, si connu des gourmands des quatre parties du monde, lorsque nous aperçûmes la maîtresse de la maison discutant avec deux individus, aussi différens d'allure que de vêtemens.

L'un possédait une mine réjouie, un teint fleuri, tel que Teniers en a donné à quelques-uns de ses joyeux buveurs, un ventre rebondi et un *pardessus* marron , qui sortait des ateliers de l'un de nos tailleurs de la rue Vivienne.

L'autre avait le teint couleur de feuille morte, l'œil éteint par les veilles et les méditations, la tête chauve et le corps enveloppé d'un habit noir à demi râpé vers les coudes.

Je m'aperçus que le premier était un gastronome, et le second un pauvre diable d'auteur :

LE GASTRONOME , *flairant un énorme dinde truffé.*

Voilà une belle pièce, et des truffes qui ont un parfum....

MADAME CHEVET.

Vous savez bien que nous ne tenons ici que des comestibles de première qualité; Dieu merci, la réputation de notre maison est faite.

LE GASTRONOME.

C'est vrai, madame Chevet, c'est vrai; et ces truffes au vin, combien la livre ?

MADAME CHEVET.

Sept francs; comme cela nous coûte.

LE GASTRONOME.

Quelle conscience! Vous m'en donnerez deux livres, madame Chevet.

L'AUTEUR.

Sept francs! quand pour deux francs on pourrait en avoir un demi-boisseau, si l'on voulait me croire.

LE GASTRONOME.

Madame Chevet, qu'est-ce qu'il dit donc là!.... le brave homme? deux francs.

L'auteur.

Oui, deux francs, et aussi bonnes que celles-ci.

Madame Chevet.

Aussi bonnes que celles-ci. Monsieur, faites attention que.....

Le gastronome.

Deux francs le demi-boisseau !... le passage de la mer Rouge me paraît moins étonnant.

L'auteur.

C'est pourtant comme j'ai l'honneur.....

MADAME CHEVET, *l'interrompant.*

Monsieur devrait bien alors nous donner son secret?

L'AUTEUR, *tirant de sa poche une truffe enveloppée dans du papier.*

Que pensez-vous de cet échantillon?

LE GASTRONOME, *après avoir flairé le tubercule.*

O divin arome! quel fumet!

MADAME CHEVET.

Le parfum n'est pas mauvais.... mais.....

LE GASTRONOME.

Voilà l'échantillon de ces truffes à deux francs ?.... Envoyez-m'en aujourd'hui même, mon cher monsieur dix, quinze, vingt boisseaux; je veux donner des indigestions à tous mes amis.

MADAME CHEVET.

Mais est-ce bien du Périgord ?....

L'AUTEUR.

Du Périgord ? Non ; cette truffe vient de mon jardin ; un plant artificiel , *rue Culture-*

Sainte-Catherine; de quatre pieds carrés.....

LE GASTRONOME.

Rue Culture-Sainte-Catherine!... Au Marais!.... de plus fort en plus fort!

MADAME CHEVET.

Monsieur plaisante, assurément.

L'AUTEUR.

C'est aussi vrai que je vous le dis, Madame.

LE GASTRONOME.

Cent louis, deux cents louis de votre secret!

(ix)

L'AUTEUR.

Ce n'en est pas un, il est connu depuis plusieurs années en Allemagne; on y a établi des truffières partout; aussi on fait venir des truffes à Vienne comme on cultive les pommes de terre à Paris.

LE GASTRONOME, *lui sautant au cou.*

Illustre savant! homme estimable! vous mériteriez des autels..... si votre recette est à l'épreuve.

L'AUTEUR.

Rien de plus simple; demain faites-moi le plaisir, Monsieur, de venir me trouver, je vous lirai ma dissertation sur les truffes ; et si en frappant du pied à terre vous n'en faites pas sortir des plants entiers comme Pompée des légions, je.....

MADAME CHEVET.

M. Pompée ?....

LE GASTRONOME.

C'était un véritable gastronome, Madame, qui avalait cent douzaines d'huîtres avant un repas..... Mais il est cinq heures, je dois dîner chez un candidat du collége de mon arrondissement ; à la députa-

tion de la Seine. (*A l'auteur.*) A demain, mon cher monsieur; je serai
chez vous à midi précis..... Deux
francs le boisseau !..... Quel pas de
géant cela va faire faire à la cuisine
française!

Madame Chevet , *appelant l'auteur qui sort.*

Au revoir, Monsieur, nous pour-
rons aussi faire des affaires ensemble; deux francs le boisseau!....

Le gastronome avait disparu, je
laissai l'auteur gagner le jardin du
Palais-Royal, je l'abordai; et après

l'avoir félicité sur sa précieuse découverte, je le priai de me laisser
publier sa dissertation; il y con-
sentit : voilà l'histoire de ce volume.

MANUEL

DE

L'AMATEUR DE TRUFFES.

CHAPITRE PREMIER.

HISTOIRE DE LA TRUFFE.

Il ne paraît pas très - certain que les Grecs ni les Romains aient connu la truffe ; car Macrobe n'en parle pas au chapitre des élections, et Alciphron, qui donne tout le menu d'un dîné athénien, oublie ce minéral ou ce végétal : les physiologistes ne sont pas d'accord sur le genre de la truffe.

Ceux qui veulent que nous ne soyons que les singes des anciens, qui

I

pensent trouver dans leurs écrits la
circulation du sang, les phénomènes
de l'électricité, les verres lenticulaires,
le prisme de Newton et la brouette
de Pascal, veulent à toute force
qu'ils aient connu la truffe. Ils citent
Athénée, Pline le naturaliste, Cicéron, et pensent voir dans la truffe
blanche du Piémont, cette plante
charnue, grasse, noire et onctueuse,
dont les modernes revendiquent la
découverte; découverte qui, s'il faut
en croire M. Usquin, forme l'une
des plus belles périodes de l'ère chré-
tienne.

On se demande comment, s'il est
vrai que les Grecs et les Romains
l'aient connue, la truffe a pu, pendant de si longs siècles, disparaître
de la table et de la mémoire des gour-

mands? comment, à la renaissance
en France des sciences, des arts d'i-
magination, des lettres et de la gas-
tronomie, la truffe ne vint pas cha-
touiller l'odorat de ses doux parfums?
On répond à cela que dans ces épais-
ses ténèbres qui s'étendirent sur la
pensée, la truffe fut enveloppée
comme une multitude de fruits, de
substances excellentes, que connais-
saient les anciens, et dont les noms
nous sont à peine parvenus, dans ce
déluge universel qui emporta les sta-
tues et les fourneaux du peuple-roi,
la truffe ne fut pas épargnée, elle pé-
rit comme tout le reste.

Que les voies de la Providence sont
admirables! dit le psalmiste: qui croirait que c'est à cet animal, que les Juifs
regardaient comme immonde, et dont

le nom n'a pu jamais entrer en poésie,
que nous devons la découverte de la
truffe? Disons-le hautement, le bien-
fait est assez grand; sans le cochon, elles pourriraient ignorées dans
le sein de la terre, pâture des vers et
des larves.

Un jeune berger conduisait un trou-
peau de porcs dans les champs, lorsqu'il aperçoit un de ces animaux qui
gratte la terre, la fouille de son mu-
seau, et, par ses grognemens répétés,
témoigne sa joie et son bonheur: le
pâtre accourt, chasse l'animal attaché
à sa proie, écarte la terre, et découvre une sorte de substance molle,
noirâtre, spongieuse; il l'approche de
ses dents, la mord, et la jette avec
une sorte de dédain. Arrivé à sa chau-
mière, il montre aux anciens du vil-

lage le trésor qu'il vient de découvrir;
on s'assemble, et comme le turbot de
Juvénal, la truffe est apportée dans
le sénat campagnard : d'une voix una-
nime, on décide que la plante est incon-
nue. La docte assemblée allait se séparer sans prendre de conclusions, lorsque l'un des plus jeunes orateurs (pourquoi l'histoire ne nous a-t-elle pas con-
servé son nom!) propose de tenter
quelques essais, de faire bouillir ce
minéral ou ce végétal, et de voir si
la cuisson ne dévoilerait pas des vertus
cachées. L'avis est adopté.

On met la truffe dans une mar-
mite, on la laisse bouillir pendant
quelque temps, et le même orateur, qui
avait été chargé de l'opération culinaire, la goûte alors, fait cette gri-
mace qu'on remarque assez ordinai-

rement chez ceux qui, pour la première fois, approchent l'huître de leurs
lèvres, et la rejette dédaigneusement.

Ne nous hâtons pas d'accuser le
Cicéron campagnard ; à sa place nous
en eussions fait autant : son éduca-
tion gourmande était fort peu avancée ; son palais, accoutumé aux vian-
des fortes de cet âge, ne pouvait d'un
seul coup deviner tout ce qu'il y a de
trésors dans cette plante. Mais le premier pas était fait, la truffe était
trouvée ; elle avait eu son Christophe
Colomb, la Providence des gourmands devait faire le reste.

Les bergers racontèrent bientôt
dans le pays l'aventure de leur cama-
rade ; ils épièrent leurs troupeaux,
s'aperçurent que l'instinct du cochon
de leur ami n'était pas un don parti-

culier de sa nature, que les leurs le possédaient aussi. Ils cherchèrent à leur tour des truffes, en trouvèrent en abondance, allumèrent du feu, les firent cuire sous la cendre, leur trouvèrent quelque chose de parfumé qu'on ne leur avait point encore soupçonné, en ramassèrent en abondance, et les vendirent ensuite aux marchés voisins.

Telle est l'histoire de la découverte de ce tubercule précieux, qui plus tard devait jouer un rôle si important dans le monde culinaire.

Or, il arriva pour la truffe ce qui était arrivé pour le poëme épique : Homère chante, les peuples l'écoutent, répètent ses vers harmonieux, et les apprennent par cœur, sans chercher à s'expliquer leur naïve ad-

miration ; bientôt arrivent les com-
mentateurs, les peseurs de diphton-
gues, les rhéteurs, peuple sans ima-
gination, qui veut à toute force expliquer ce qui jusqu'alors était regardé
comme inexplicable, analyser le sentiment, et dire pourquoi l'âme a
éprouvé telle ou telle sensation, et,
qui plus est, enseigner comment on
peut faire éprouver à autrui les jouis-
sances qu'on éprouve soi-même.

Nos gardeurs de troupeaux ne se
doutaient pas sans doute de tout ce
qui était renfermé dans ce tissu spon-
gieux qu'un cochon avait découvert.
Mais voici les médecins qui se font
apporter la truffe, l'examinent atten-
tivement, la dépouillent de sa pellicule, la martyrisent avec le scalpel,
la distillent, la traitent enfin comme

un de leurs malades, pour décider quels principes elle renferme, pourquoi elle répand autour d'elle un parfum si suave, comment elle agit sur l'odorat, l'action qu'elle peut exercer sur l'organisation, et de quel emploi elle peut être en médecine.

Ici, comme on s'y attend bien, la question va s'embrouiller; autant de têtes, autant d'opinions. Les uns veulent que ce soit un mets indigeste, d'autres qu'elle soit éminemment laxative; ceux-ci veulent qu'elle occasionc des vomissemens et des coliques, ceux-là qu'elle soit une nourriture inoffensive ; d'autres qu'elle trouble les organes digestifs; d'autres qu'elle allume le sang, excite doucement les organes de la génération; que si la truffe eût été un de ces alimens qui par leur prix modique sont à la portée de toutes les fortunes, la question eût été bientôt décidée. Ainsi, quand la faculté fulmina ses anathèmes contre cette plante, que nous appelons aujourd'hui café, le public, juge souverain de ces sortes de querelles où son palais fait l'office de rapporteur, réforma l'arrêt des disciples d'Esculape, but avec passion cette liqueur enivrante, et le café devint à la mode.

. Ici il s'agissait d'un aliment difficile à trouver, et d'un prix élevé ; il n'est donc pas étonnant que la truffe n'ait pu promptement triompher des sarcasmes et des mauvaises raisons de ses adversaires. N'oublions pas que, dans le beau siècle de la littérature, l'intelligence était beaucoup plus

avancée que l'estomac; on restait
alors fort peu de temps à table; les
hommes de lettres faisaient quatre repas qui ensemble ne vaudraient certes
pas le plus mauvais dîner de l'un de nos
auteurs de vaudevilles quand ils sont
en fonds. Les femmes s'ennuyaient à
table, et pensaient à toute autre chose
qu'à manger; le prince donnait un mauvais exemple en se contentant de quelques œufs au miroir, et les courtisans,
se modelant sur leur maître, faisaient
la petite bouche, déjeûnaient au ca-
baret avec quelques tranches de pain
grillé couvert d'une couche légère de
beurre, et auraient regardé comme
une grave insulte le nom glorieux de
gourmand.

Parcourez tous les écrivains du
grand siècle, vous ne trouverez pas

une fois la truffe citée avec honneur!
Sous le Régent on commence à appré-
cier ce qu'on avait négligé jusqu'alors;
Dubois s'en fait servir à ses dîners,
le duc d'Orléans en fait manger à ses
maîtresses, les roués du jour aiment à
en parler, et à la faire briller dans leurs
repas nocturnes. Il faut être juste, si
les mœurs publiques ne furent guère
respectées sous le Régent, si la cour
donna l'exemple de la débauche, la
gourmandise fut du moins encoura-
gée, un grand mouvement fut donné
aux fourneaux de nos cuisines; c'est
alors qu'on créa les noms d'officier de bouche, de gastronome, de
gourmet; chaque seigneur eut un cuisinier qui le suivait à la ville, à la
campagne, en voyage, à peu près
comme les lettres dont parle Cicéron,

et qui pérégrinent avec nous; mais à cette différence que les lettres nous sont fidèles dans la mauvaise fortune, au lieu que les cuisiniers de ce siècle quittaient leurs fourneaux quand leur maître n'avait plus de quoi l'allumer, ce qui arrivait assez souvent. N'attristons pas notre sujet en citant les noms de ces cuisiniers ingrats, lierres parasites qui s'attachent au tronc du chêne, vivent de sa substance tant qu'il existe, et vont chercher un autre arbre dès qu'il est tombé : rappelons plutôt avec un juste orgueil cet excellent Moulin, cuisinier par excellence de Mgr. Dubois, qui, quand son maître eut quitté les grandeurs, alla s'enterrer tout vif dans un couvent! Noble Moulin, personne mieux que toi ne sut

2

faire cuire une truffe dans la cendre ; ton talent était connu de tout Paris ; tu avais fait une étude particulière de ce végétal ! Combien de fois tu arrachas ton maître à ses rêveries en lui servant une dinde farcie ! Dubois souriait en te voyant, et t'appelait son ami.

Salut, siècle de Louis XV, siècle immortalisé par tant de découvertes culinaires ! que Voltaire dota de ses chefs-d'œuvre, et M. Minute de plusieurs sauces nouvelles ; où Buffon trouvait son feu central, auquel nous sommes obligés de revenir aujourd'hui, et où son palais fut pour la première fois délicieusement flatté de ces béchamels qui ont eu un commencement, mais qui n'auront pas de fin, et qui, toujours jeunes et tou-

jours fraîches, verront passer tous
les systèmes des savans, et jusqu'au
genre grotesque, qui, selon M. Victor
Hugo, est la troisième ère de l'intelligence appliquée ! C'est alors que
l'on commença à comprendre que
l'homme ne vit pas seulement de pain,
non ex pane solo vivit homo. C'est
le siècle des grandes lumières en cuisine, des joyeux repas, des indigestions; les grands seigneurs se ruinent
à entretenir des filles et à donner à
dîner....; leurs tables, le soir, à la lu-
mière de mille bougies, étalent un
spectacle magique : mille beautés en
panier, les joues couvertes de mouches, et l'occiput surmonté de ces
tours que les poëtes donnent à quelques-unes de leurs déesses, entourent
une table en fer à cheval, couverte des
produits de nos provinces gourman-

des! Voyez-vous cette énorme poularde, venue de la Bresse, et qui repose doucement sur un plateau d'argent orné d'arabesques dans le goût du siècle? ses flancs monstrueux enferment plusieurs livres de truffe! la truffe est la reine de la fête gastronomique ; tous les autres plats ne sont que d'humbles satellites qui gravitent autour de ce soleil ; aussi ne parle-t-on que de la truffe, on la célèbre en vers et en prose, et l'on fait mieux, on n'en laisse pas un morceau sur son assiette.

Depuis ce moment la truffe a été regardée constamment comme le *to kalon* des alimens, comme l'indispensable ornement de tout repas, comme l'arc-boutant d'une table bien servie, comme la jouissance la plus douce que pût envier le palais d'un gourmand ; le temps n'a fait qu'ajouter à sa gloire : depuis, des empires ont été renversés, des trônes nouveaux élevés, le monde physique et le monde moral bouleversés, toutes les idées du bien et du mal confondues, même on a vu préférer Shakespeare à Corneille, Lope de Véga à Molière, et jamais une voie discordante ne s'est élevée contre la truffe : son rôle s'est même agrandi ; elle n'a point agi seulement sur les nerfs olfactifs, mais encore sur les consciences ; ce n'est plus seulement à table qu'elle a régné, la tribune parlementaire a subi son influence, et plus d'une fois elle donna de la voix à des députés muets jusqu'alors, et jusqu'à des mouvemens éloquens : plus d'un de nos budgets enfin exhale son parfum.

2.

CHAPITRE II.

MONOGRAPHIE DE LA TRUFFE.

I. *La truffe gourmande.*

Sa forme est ronde ou ovale, et ressemble quelquefois au rognon, elle est
un peu raboteuse; jeune, elle est blanche à l'extérieur, mais mûre, cette couleur devient noirâtre, et quelquefois
même elle est entièrement foncée.
Dans l'intérieur, elle est également
blanchâtre, mais variée par des taches
bleues, rouges ou brunes. Des veines
de la grosseur d'un fil, formant une
espèce de réseau, la traversent en

tous sens ; une matière visqueuse et
de petits grains compactes et foncés
remplissent les cellules qui se trouvent entre les veines. On regardait
autrefois ces glandes comme les ré-
servoirs de la semence, et comme les
germes de jeunes truffes. La chair
est plus tendre et plus parfumée quand
l'intérieur n'est pas trop coloré par
des veines foncées. La peau à l'extérieur est rude, sillonnée de rides, mê-
lée de petites éminences ; ses hexago-
nes aplatis lui donnent presque la
forme des pommettes du *pinus larix*.
Dans sa jeunesse, la truffe a le goût
des plantes pourries ou de terreau ;
mais en approchant de sa maturité,
elle répand une odeur aromatique,
qui ne dure que peu de jours ; car,
lorsque le tubercule commence à se

passer et à se pourrir, cette odeur
devient si forte et si dégoûtante,
qu'on ne peut la supporter. La chair
de la truffe jeune est aqueuse et fade;
plus elle mûrit, plus elle devient
ferme; elle ressemble à la noix et à l'a-
mande, et en la goûtant on la trouve
délicate et épicée; mais aussitôt que
la truffe commence à être attaquée
par les vers, elle est amère et aigre.
Dans les endroits où les truffes réussissent, on peut les faire venir pendant toute l'année, à commencer du
printemps jusqu'à la fin de l'automne;
cependant, c'est dans les mois d'août,
septembre et octobre qu'on en aura
le plus. Comme à toutes les espèces de
champignons, les automnes chauds et
humides leur sont particulièrement
favorables, et c'est sous de telles in-

fluences que leur qualité devient exquise. Après des pluies prolongées, elles sont moins profondes en terre, la soulèvent en forme de mamelons, et paraissent même quelquefois à sa superficie. Cette sorte de truffe n'est presque pas estimée, les vers en ayant ordinairement déjà fait leur proie, avant qu'on ait pu la récolter.

Une autre variété de truffes se distingue par un épiderme plus sec, un goût que l'on croirait être celui de l'ail, et par des couleurs plus ou moins foncées.

La variété blanche croît principalement dans le Piémont et l'Italie; sa surface est d'un jaune brunâtre ou gris pâle; elle est en outre couverte de petites verrues; les veines internes, plus fines que celles de l'es-

pèce noire, sont d'un jaune rougeâtre.
Quand elle est mûre, sa chair prend
la couleur rouge; l'odeur et le goût
sont plus exquis que ceux de la
noire. C'est pour cette raison que l'on
cultive de préférence les truffes blanches; mais ce n'est pas sans difficulté
qu'on parvient à établir le premier
plant, car il faut en trouver qui soient
pleines de vie et assez fraîches pour
se propager.

Comme la truffe blanche ne change
pas de couleur, elle forme une
famille particulière; elle se distingue
encore de la truffe noire, en ce que
celle-ci ne se rencontre que dans
les bois, et que la seconde se
trouve dans les vignes, les prairies,
et même dans les champs labourés,

II. *La truffe du cochon.*

Cette espèce a aussi la forme du rognon, et est ordinairement de la grosseur d'une fève ; quelquefois, mais très-
rarement, elle parvient à celle d'un
œuf de pigeon. Son écorce est mince,
coriace, remplie de petites verrues
sans interstices ; ce sont là les signes
qui la distinguent de la vraie truffe,
lorsque celle-ci ressemble par sa
forme au rognon. La chair de cette
espèce est molle, les veines obli-
ques ; son odeur est désagréable, et
aigre comme le fumier du cochon :
c'est cette mauvaise odeur qui lui a fait
donner un si vilain nom. Son goût est
fade, on ne peut donc s'en servir

pour la table. La cupidité ne laisse
pas pourtant de s'en emparer pour les
mêler avec les truffes gourmandes, et
les vendre pour bonnes.

Il y a des lieux qui ne produisent
presque que des truffes de cette espèce méprisée, et qui se répand plus
facilement que les véritables. On peut
donc conclure qu'elle nuit au terrain
qui la recèle, et qu'elle en expulse
toutes les autres.

Comme elle affecte le sol compacte
et porté à la fermentation, elle est
encore plus dangereuse à un nouveau
plant, si l'on néglige d'en écarter ces
hôtes parasites.

On sait que la truffe gourmande
affectionne particulièrement les chênes ; la mauvaise, au contraire, aime
surtout l'aubépine. On la trouve sous

les racines, en masses de vingt à
trente; les bonnes truffes ne se ren-
contrent pas en si grand nombre, et
sont rangées séparément.

III. *La petite truffe.*

Cette espèce est très-nombreuse et
se trouve en tas ; sa forme est irrégulière, un peu arrondie, et, pour la
grosseur, elle ne passe pas celle d'un
pois. Elle a été regardée long-temps
comme la souche des truffes gourmandes.

IV. *La truffe du cerf.*

Plus grosse que toutes les autres ,
de forme ronde, d'une chair spongieuse; vers le milieu, le noyau est si

peu lié, qu'on le prendrait pour de la farine. Elle sert de nourriture aux bêtes fauves, qui la déterrent et en font leurs délices; le cerf surtout la recherche avidement.

Après la truffe comestible, nous citerons les espèces suivantes :

La TRUFFE MUSQUÉE, qui est noire, a la peau lisse, la chair blanche, réticulée de noir, et une odeur forte de musc. Elle se trouve dans la terre comme la truffe comestible.

La TRUFFE BLANCHE a une baie radicale qui fait les fonctions de racines; elle est blanche en dedans dans sa jeunesse, et jaunâtre dans sa vieillesse. Sa surface est ordinairement lisse, quelquefois cependant elle est inégale. On la trouve dans la terre. Les sangliers sont fort friands de cette

truffe comme de toutes les autres ;
mais il est bon de remarquer qu'ils ne
mangent que les vieilles.

La truffe que les Piémontais ap-
pellent BIANCHETTO est presque ronde , unie , grise , de la grosseur d'une
forte noix; sa chair est blanche ou
livide, farineuse, et exhale une odeur
terreuse. Il ne faut pas la confondre
avec la truffe blanche, dont il a été
question ci-dessus.

La TRUFFE DU PIÉMONT , qui est
blanche, et velue, est encore différente
de la précédente.

Il en est de même de la TRUFFE
D'AMÉRIQUE qu'on trouve en Caro-
line. Elle ressemble beaucoup aux
trois dernières , et n'a point d'odeur ;
mais sa saveur la fait rechercher des
gourmands.

La truffe de l'Arabie déserte,
observée par Olivier dans son voyage
en Perse. Elle est blanchâtre, a sa
surface inégale et grisâtre. On la recherche beaucoup, mais on ne peut
la comparer pour le goût à aucune
des précédentes. Les sangliers en sont
très-friands. C'est au printemps qu'on
la trouve.

La truffe parasite, ou mort du
safran, est irrégulière, tuberculeuse,
d'un jaune rougeâtre, et a de véritables racines, avec lesquelles elle s'ap-
proprie les sucs des végétaux vivans.
Elle se trouve sur les racines de plusieurs espèces de plantes; mais c'est
sur l'ognon de safran où elle a été
le plus remarquée, parce qu'elle le
fait promptement périr, et cause ainsi
de grands dommages aux cultivateurs.

CHAPITRE III.

DU CHOIX DU LIEU, ET DE LA PRÉPARATION
DE LA TERRE DESTINÉS A L'ÉTABLISSEMENT
D'UNE TRUFFIÈRE.

On rencontre ordinairement les truffes dans les vallons, les plaines, aux endroits où les arbres sont assez éloignés les uns des autres, pour laisser circuler l'air, tout en détournant les rayons trop brûlans du soleil, et où le bas taillis n'est pas trop épais. Lorsqu'il a de larges branches, le chêne est celui de tous les arbres qui nourrit le plus de truffes gourmandes sous son ombrage. Elles acquièrent le meilleur parfum, et parviennent à une grosseur de deux à trois pouces

3.

de diamètre, pesant jusqu'à un quar-
teron environ. Sous les ormes, les
hêtres, les érables elles sont infé-
rieures en grosseur et en quantité. On
les rencontre rarement dans les bois
mêlés.

Les terres contenant une quantité
de bois et de feuilles de chêne pourries ont une influence aussi salutaire
sur la production et l'accroissement
des truffes que le fumier de cheval et
d'âne en excerce sur les champignons.
Le tan, et d'autres propriétés incon-
nues du chêne, remplacent, selon
toutes les apparences, les parties animales. Plus une espèce d'arbre fournit de ces matières favorables, plus
les truffes se multiplient dans ses environs. On devra donc premièrement,
lorsqu'on voudra établir une truffière,

rassembler, le plus possible, ces matières premières dans la terre, et faire naître toutes les circonstances particulières qui font d'ordinaire croître les truffes.

On choisira un bas-fond un peu humide, tel qu'on en trouve dans les environs d'une rivière, d'un étang, etc. On aura soin de s'assurer que la terre ne contient aucune acidité, mais qu'elle est légère et fertile. Les terres des bords des marais, les tourbières, et les environs des sources salines, ne sont pas favorables à la production des truffes. On reconnaît facilement ces lieux aux joncs, aux roseaux, et aux différentes sortes de mousses qui en couvrent presque toujours la surface.

Le propriétaire ou l'amateur, qui

ne possédera pas une terre de bas-fond de l'espèce que nous venons d'indiquer, pourra la faire naître artificiellement ; mais l'entreprise sera un peu plus longue, et demandera plus de soins.

Pour parvenir à composer une terre artificielle, capable de produire des truffes, on choisira, dans un parc ou jardin, un bosquet ou un emplacement ombragé, par-ci par-là, d'arbres à larges branches, tels que le hêtre blanc, le châtaignier, le chêne. Si ces arbres manquent, on peut les remplacer, jusqu'à un certain point, par des poiriers, des pommiers, des pruniers, et surtout des cerisiers en groupe ; on élague les bas taillis et les broussailles des hêtres, des châtaigniers, et des chênes. Il faut que cet emplacement soit abrité du côté du midi. Lorsque le choix du terrain est arrêté, on creuse la terre à quatre ou cinq pieds de profondeur; on l'enlève, et on la remplace par la terre choisie dans une forêt de chênes, et dont il a été parlé au commeucement de ce chapitre.

Si l'on habite un canton non boisé, on mêle à la terre grasse, formée de bouse de vache, une terre riche en matières tombées en dissolution, telle qu'on la trouve dans les endroits couverts, de temps immémorial, de groupes d'arbres, soit charmes, peupliers, ou arbres fruitiers. Les terrains couverts de grandes herbes, desséchées et pourries, peuvent aussi fournir cette terre; mais il faut rejeter toute terre provenant de lieux marécageux.

Ces sortes de terres artificielles sont quelquefois ou trop légères, ou trop compactes. Trop légères, à cause de la quantité de sable qu'elles contiennent, et trop compactes, parce qu'elles ne possèdent pas assez de cette matière. Dans le premier cas, on les corrige avec de la terre glaise ou de la terre à four; dans le second, on les bonnifie en les mêlant à des terres maigres et sèches, de la marne de chaux, ou de la craie écrasée. Après, on mêle bien toutes ces matières ensemble, et on ajoute environ une moitié de matières végétales, comme des ramassis de cuisine, de la sciure de bois de chêne ou d'autres, mais jamais de sapin; on retourne cet amalgame avec la bêch, on l'humecte de temps en temps, et on a soin de le tenir bien

abrité ; il est indispensable de couvrir
de feuilles de chène cette mixtion ,
et de la retourner chaque fois avec la
pioche. Si l'on manque de feuilles de
chêne, on les remplacera, ainsi que
nous l'avons déjà dit plus haut, par
le charme, l'orme, le hêtre, le noi-
sétier, le cerisier, etc. : cette terre
doit être ainsi travaillée tout l'été;
en automne, elle aura toutes les quali-
tés nécessaires pour servir à l'établissement de la truffière.

CHAPITRE IV.

DE LA FORMATION DE LA TRUFFIÈRE.

La couche du fond de toute truffière est formée de marne de chaux
ou de craie, à laquelle on mêle un
quart de sable ferrugineux. Si l'on ne
peut se procurer de la marne, on la
remplacera par de la chaux et de la
craie écrasées, et mêlées avec un tiers
de sable, qu'on aura soin de diviser
bien également. Le plant doit avoir
deux à trois pieds de profondeur. On
y établira un pied environ d'épaisseur
de cette première préparation; mais
avant, il est utile de tapisser le fond
et les côtés de pierres à chaux ou au-

tres, bien rangées les unes sur les
autres. Cette barrière sert à arrêter
les souris et les vers qui tenteraient
de venir s'établir dans la truffière.
Elles empêchent encore que les pluies
et les ravins ne bouleversent les terres, et dégradent les couches. Il ne
faut pas que le fond soit impénétrable
à l'eau, qui doit se perdre insensible-
ment, et ne point former marais.

Si l'on rencontre, en creusant, une
terre compacte, il sera inutile de gar-
nir le fond de pierres. Il faudrait aban-
donner tout terrain dont le fond con-
tiendrait de la glaise, et qui, par
conséquent, ne pourrait donner aucun passage à l'eau.

Ce bas-fond, préparé de la sorte, on
le remplit de la terre convenable dont
nous avons parlé plus haut.

4

CHAPITRE V.

DE LA SEMENCE.

Nous venons d'indiquer la plus sûre manière de préparer le plant où l'on veut faire venir des truffes, il nous reste à dire par quels moyens on y fera naître le germe ou tubercule. De même que le champignon, la truffe ne peut ni se semer, ni se propager par des pousses ou des graines, elle doit sortir du terrain même; donc elle s'y forme facilement dans les endroits chargés de particules analogues à sa nature, pour peu qu'on y jette quelques tubercules parvenus à un cer-

tain degré de maturité, ou simple-
ment des morceaux de tubercule. Voici
la manière la plus simple d'arriver à
ce résultat.

Rien de plus facile qu'une cham-
pignonière; rien de plus simple que
le transport d'un végétal qui craint
peu le soleil et l'air atmosphérique,
et qui, mort, suffit encore pour préparer la terre à la reproduction d'un
grand nombre de champignons. Plus
délicate, la truffe exige plus de soins.
Le contact de l'air, les rayons du soleil , la tueraient sur-le champ ; arra-
chée au sol qui lui a donné naissance,
elle languit et meurt, et la truffe
morte, bientôt corrompue, ne saurait
donner au sol aucune force produc-
tive. Il faut l'y transporter vivante,
ce qui exige des soins et du temps,

surtout lorsqu'on est obligé de la faire
venir de loin.

Et d'abord, il importe de bien
choisir les tubercules que l'on veut
transplanter. Trop mûrs, ils n'auraient plus et ne pourraient communiquer à la terre assez de force vitale, souvent même on les verrait
mourir dans le trajet. Il ne faut pas
non plus les prendre trop jeunes,
quand un germe tendre et des sucs
peu formés ont besoin de se fortifier
encore dans la terre-mère. Ce sont des
truffes de moyenne grandeur qu'il
faut choisir. Celles-là, pleines de vi-
gueur et de force vitale, ne laisseront
presque jamais vos soins sans récom-
pense. On est toujours sûr d'en ren-
contrer quelques-unes de cette qualité autour des tubercules les plus mûrs.

Quand on s'est assuré d'un endroit
où l'on trouvera de bonnes truffes
parvenues au degré de maturité nécessaire pour la propagation, il faut
choisir un jour humide, pluvieux, ou
du moins frais, ou un temps couvert. Si c'était après quelques jours de
sécheresse, il faudrait encore avoir soin
de bien arroser le sol.

On tire de la terre les tubercules que l'on a choisis, mais en ayant
soin de les tenir enveloppés dans la
petite masse de terre qui les envi-
ronne, pour que l'air atmosphérique
ne puisse les toucher beaucoup. On
place chaque tubercule ainsi enveloppé dans une caisse dont tous les
interstices doivent être remplis par
de la terre humide prise sur les lieux
et bien serrée. La caisse se ferme alors

4.

soigneusement, et ne doit être rou-
verte qu'à l'endroit où l'on veut dé-
poser les truffes. Dans les voyages
qui durent plusieurs jours, ou plusieurs semaines seulement, il est nécessaire d'ouvrir de temps en temps
les caisses pour donner de l'air aux
truffes, et les humecter avec de l'eau
de rivière. Cette précaution serait indispensable dans la translation des
truffes blanches, que l'on ne cultive
qu'en Italie, mais qui viendraient
aussi bien partout ailleurs.

On choisit ordinairement pour ouvrir les caisses un beau jour, à l'heure
où l'endroit que l'on a préparé est à
l'ombre, et, après avoir arrosé le terrain, s'il est nécessaire, on y dépose
les truffes le plus tôt possible. Plus
on les plantera rapprochées l'une de

l'autre, plus on s'assurera d'un résultat heureux ; leurs forces séparées ne
pourraient peut-être donner à la terre
cette faculté reproductive qui doit
vous payer de vos soins ; réunies dans
un petit espace, le succès est presque
infaillible. L'expérience a prouvé
qu'un seul tubercule ne suffisait pas
à l'établissement d'une truffière.

La profondeur des trous destinés à
recevoir les truffes doit être cal-
culée, entre deux et six pouces, sur
la nature et le degré d'humidité du
terrain. On y place les truffes avec l'en-
veloppe de terre dans laquelle on les
a recueillies ; il est bon même de dépo-
ser au fond, de la terre prise dans la
caisse, et on s'en sert aussi, autant qu'il
est possible pour reboucher les trous.
Si elle ne suffit pas, on emploie de la

terre de la couche bien humectée.
Durant cette opération, les truffes ne
doivent pas être exposées au soleil ;
aussi vaudrait - il mieux peut-être
ne les planter que le soir. La truffière
se recouvre alors de branches de chêne
ou de hêtre blanc, jetées de loin en
loin. On peut aussi y transplanter de
jeunes arbrisseaux de la même espèce,
mais à une certaine distance les uns
des autres, de manière à ce qu'ils donnent de l'ombre sans arrêter la libre
circulation de l'air.

Le temps de l'année le plus propre
à la transplantation des truffes est le
printemps et le commencement de
l'automne. C'est alors surtout que
l'on trouve des truffes parvenues à un
degré de maturité convenable ; alors
l'humidité dispense aussi des arrose-

mens extraordinaires , qui doivent
toujours être faits avec précaution,
pour ne pas inonder et déranger les
germes qui se développent. On sait
que l'automne arrivé, il faut couvrir
les plants d'une couche de feuilles de
chêne.

La truffière, ainsi disposée et plantée,
doit rester abandonnée à elle-même.
On y peut sans danger laisser croître
de petites herbes ; les grandes végéta-
tions seules pourraient épuiser le terrain. Enfin , il faut en tout , autant
que possible, imiter le sol d'une forêt.

La première année , sans doute
les truffes multiplieront peu ; les tubercules plantés ont trop peu de force
pour entraîner tout le terrain à la reproduction. Quand on aura com-
mencé au printemps , on pourra trou-

ver en automne quelques jeunes truffes peu avancées, de la grosseur d'une
noisette ou d'une noix, ayant une
peau jaunâtre et une chair spongieuse,
qui demanderont à rester encore quelque temps en terre pour acquérir de
la maturité et pour se colorer comme
nous avons dit : mais leur apparition
sera toujours un signe certain que le
plant a réussi, et qu'on peut compter
sur de nombreuses et abondantes ré-
coltes pendant des années.

Celui qui voudra faire un établissement un peu considérable, fera bien
de partager son plant en deux parts
distinctes, et de recommencer la plan-
tation à deux différentes reprises, en
en faisant une la première année, une
autre la seconde, et les établissant
plutôt vers le milieu du plant que

sur les bords. Si la première épreuve
venait à manquer, au moins n'aurait-
on pas travaillé absolument pour rien,
et il serait devenu d'autant plus facile
d'établir la seconde.

CHAPITRE VI.

DES SOINS A DONNER AUX TRUFFIÈRES.

Les truffières établies dans les jardins demandent beaucoup d'attention et de soins par rapport aux grands herbages qui viennent parfois enlever la fertilité du sol et lui donner trop d'ombrage ; les petites herbes seules peuvent être souffertes, parce qu'elles tiennent la terre humide sans l'épuiser ; et, bien qu'on ait choisi les lieux les plus bas du jardin, il faudrait encore les arroser légèrement quand on s'apercevrait que cela serait nécessaire.

CHAPITRE VII.

DES ANIMAUX NUISIBLES AUX TRUFFES.

IL est indispensable que le propriétaire d'une truffière en éloigne avec
soin les différentes espèces d'animaux
qui sont les ennemis naturels des
truffes, et d'autant plus à craindre
pour elles qu'ils trouvent ce tubercule avec facilité, à cause de son
odeur parfumée.

Il n'est pas aisé surtout d'éloigner
les souris qui viennent des champs,
et qu'on ne peut jamais détruire entièrement. Il faut, dans ce cas, laisser
nicher les chouettes et corneilles dans
les maisons : les premières surtout

5

sauront vous débarrasser des souris à
mesure qu'elles se hasarderont dans
vos propriétés, et elles ne nuiront
dès lors pas plus à vos truffes qu'elles
ne font d'ordinaire aux autres légumes.

Pendant les temps pluvieux, la li-
mace rouge et noire des bois attaque
aussi les truffes qui paraissent à la
superficie du sol, ou qui sortent de
la terre. Beaucoup d'autres espèces
de vers leur sont encore plus nuisibles,
et la chaleur entretenue sur les plants
pendant l'hiver, par les couches de
feuilles de chênes et autres, fait naître
un grand nombre de ces insectes, qui
se multiplient encore pendant l'été.

Plusieurs scarabées, ceux surtout
qui se logent dans les écorces d'arbres, les melolonthes, les hannetons,

les capucins rouge-bruns, les vers provenant de grosses mouches, les scolopendres, les cloportes, tous insectes qu'on ne parvient jamais à détruire entièrement, qui attaquent les truffes, les percent en tous sens, leur communiquent un goût amer, et finissent par leur donner la mort.

Il est donc à propos d'avertir que quand on échoue dans une entreprise, quoiqu'on y ait apporté tous les soins et que les autres localités aient été favorables, c'est à tous ces insectes qu'il faut attribuer ce malheur. Les plans nouvellement construits ont encore, comme cela est fort naturel, plus à souffrir de ces sortes d'ennemis que les anciens; la terre n'est pas encore assez imprégnée de l'odeur du tau du chêne pour les chasser; la terre grasse formée avec du fumier en contient et fait éclore les œufs en abondance. Pour les détruire, ou du moins pour en diminuer le nombre, on retourne non seulement souvent le terrein avec une petite bêche, mais on y mêle encore une certaine quantité de chaux vive ou de bonnes cendres.

Quelques-uns, pour se précautionner davantage contre les insectes, étendent aussi au soleil, par un temps chaud, les terres primitives qui servent à construire la truffière, et les sèchent tout-à-fait pour faire mourir les œufs. Quand on croit devoir prendre cet excès de précaution, on en est quitte pour humecter ensuite ces terres au moment de s'en servir.

Si, après s'être donné toutes les peines possibles pendant une année,

on avait néanmoins la douleur de
voir qu'on n'a pas réussi, il ne faudrait pas encore se décourager pour
cela ; le plant se trouverait d'autant
mieux préparé pour l'année suivante,
les différentes matières auraient eu
le temps de communiquer leur vertu
au terrain, et on serait à peu près sûr
de ne pas échouer une seconde fois
en y transportant des truffes-mères.
Il faudrait seulement bien retourner
les terres, et les bien engraisser avec
des feuilles de chêne dont on ferait
provision, en recommençant jusqu'à
deux ou trois fois la même opération
si on en avait le temps.

En général, on ne saurait trop sa-
turer une truffière de particules provenant du chêne, l'expérience ayant
appris que ce tubercule est d'un par-

fum d'autant plus fin et plus exquis, qu'il se trouve plus rapproché du voisinage du chêne qui le protège de son ombre ; et cette expérience a même été confirmée par ceux qui ont établi des truffières artificielles dans différens endroits. Le propriétaire soigneux et intelligent, qui n'épargnera rien pour faire réussir une si utile entreprise, s'assurera, dans tous les cas, une récolte abondante des plus excellentes truffes.

CHAPITRE VIII.

USAGES ET EFFETS DES TRUFFES.

Les truffes tiennent le premier rang parmi les champignons ; il n'en est aucun qui possède à un plus haut. degré qu'elles la propriété nutritive. Lorsqu'elles sont nouvelles, on peut faire cuire les truffes comme les pommes de terre, à l'eau ou sous la cendre ; on les mange même crues et en salade. On a dit et répété souvent que les truffes, fermentées et moisies , étaient d'un usage très-dangereux, qu'elles occasionaient, dans ces deux cas, des vomissemens et des coli-

ques atroces; mais elles n'ont jamais l'inconvénient de certaines espèces de champignons, et, quand on
en use modérément, elles ne sont pas
plus indigestes que tout autre aliment:
il y a donc dans cette inculpation
beaucoup d'exagération. D'ailleurs,
arrivées à cet état de détérioration,
elles doivent répugner à tous les organes, et il est difficile de se persua-
der qu'on puisse alors en supporter
le goût.

Nos aïeux ne paraissent pas avoir
été d'accord sur les véritables propriétés des truffes. Les uns les regardaient comme très-échauffantes, les
autres comme presque nulles, et ils
se bornaient à en faire la base des
autres assaisonnemens; les autres,
qu'elles étaient plus propres que toute

autre nourriture à disposer à l'apo-
plexie et à la paralysie. Il n'est pas
douteux qu'on ne puisse concilier ces
deux opinions, en convenant qu'il
existe dans les truffes deux propriétés
absolument distinctes, susceptibles
de produire deux effets. D'abord elles
peuvent échauffer par elles-mêmes,
surtout celles qui sont très-parfumées,
comme tout ce qui porte le caractère
d'un assaisonnement; ensuite elles
peuvent devenir indigestes, lorsque
les personnes qui ont un estomac
faible en mangent; alors elles sont
suivies de funestes effets, qui portent
le trouble dans les organes digestifs.

On prétend encore que les truffes,
mangées froides, sont de difficile di-
gestion. Elles sont, il est vrai, moins
agréables et moins odorantes, parce

que, dans l'état chaud, le parfum qu'elles contiennent est tout en exhalation, et qu'en général les alimens, administrés dans un certain état de chaleur, produisent des effets différens de ceux qu'on prend dans l'état froid.

D'ailleurs, il convient d'observer que les truffes étant communément fort chères, il n'y a guère que les particuliers aisés qui en mangent, et encore n'est-ce souvent que dans des circonstances de réunion ; et alors il reste à savoir si les inconvéniens réels qu'elles ont occasionés ne dépendent pas de l'ensemble des mets et de l'abus qu'on en a fait. Il n'est pas douteux que l'excès des truffes ne soit nuisible, même à un plus haut degré que tous les alimens mangés par sur-

abondance, à cause de leur nature
fougueuse; mais il n'y a point d'exemple que, dans le nombre de leurs espèces où variétés, il s'en trouve qui
aient produit les effets vénéneux des
champignons, naturellement malfaisans. Il paraît au contraire que, quand
on en use avec modération, elles pro-
curent de la gaîté, facilitent la di-
gestion, et ont, comme tout ce qui
est parfumé, une vertu aphrodisia-
que très-marquée.

Notre opinion sur les truffes, s'il
nous est permis d'en avoir une, est
qu'elles ne prennent toutes naissance
qu'en été, et que leur différence dans
la couleur, le goût, et l'arôme vient
uniquement de l'action du froid et du
calorique; ce qui nous porte à le
croire, c'est que la première sorte est

blanche tant que le soleil a de la
force ou fournit assez de calorique
pour échauffer la terre et pour mettre
en expansion une partie de l'arôme
de la truffe d'été. Aussi est-elle moins
odorante, parce qu'elle perd constamment; tandis que cette même
truffe change de couleur en décem-
bre, et, de blanche veinée qu'elle
était, devient brune marbrée, et son
arôme se trouve concentré dans elle-
même, ce qu'on ne peut attribuer
qu'à l'absence du calorique par l'effet
de la gelée. On achève de s'en con-
vaincre encore par celle qu'on récolte en mars et en avril, qui, de
noire qu'elle était, redevient blanchâtre, et par son odeur plus expan-
sive, quoique plus forte et plus désagréable, mais qu'il ne faut attribuer

qu'à un commencement de décompo-
sition, puisque c'est la dernière, et
celle qu'on nomme dans le Périgord
truffe rosse.

CHAPITRE IX.

DES TRUFFES DANS LEURS RAPPORTS AVEC
L'ART CULINAIRE.

Servie séparément, la truffe est un entremets de luxe. Ce tubercule est aussi un des plus honorables excipiens de la haute cuisine, par l'incomparable saveur qu'il communique aux diverses productions auxquelles on l'associe.

Truffes au vin de Champagne.

Ayez de belles truffes ; lavez-les bien plusieurs fois dans l'eau tiède ; brossez-les avec soin ; mettez-les dans une casserole foncée de bardes de lard, avec du sel et une bouteille de vin de Champagne ; couvrez bien votre casserole; faites bouillir une demi-heure, et servez sous une ser-viette.

Truffes à la minute.

Lavez, épluchez, pelez et coupez par tranches le nombre de truffes qui vous est convenable; mettez-les dans un plat qui aille sur le feu, avec persil, ciboules, échalotes, hachés menu, sel, gros poivre, et un peu d'huile; couvrez votre plat; faites cuire d'un côté, et retournez de l'au-tre; la cuisson faite, servez avec un jus de citron. Si vous voulez servir avec une sauce, égouttez l'huile. Cette sauce doit être légère et bien finie.

Truffes à la maréchale ou au naturel.

Prenez de belles truffes bien lavées et nettoyées; assaisonnez chacune d'elles de sel, gros poivre; enveloppez-la de cinq ou six doubles de papier, garni de bardes de lard; mouillez légèrement ces caisses; mettez-les sous une cendre bien chaude. Faites cuire pendant une bonne heure; ôtez le papier; essuyez vos truffes, et les servez chaudement dans une serviette.

Dinde aux truffes.

Prenez une dinde grasse; épluchez, flambez et videz-la; épluchez trois ou quatre livres de truffes; passez vos truffes au beurre, après avoir coupé les moins belles en morceaux gros

comme un pois : vous les saupoudre-
rez de sel et de poivre. Mettez vos
truffes coupées, et celles qui sont en-
tières, dans une casserole, avec feuille
de laurier, épices ; laissez le tout
pendant trois quarts d'heure sur un
feu modéré ; retirez cette farce, re-
muez-la, laissez-là un peu refroidir ;
mettez-la dans le corps de votre dinde ;
recousez-en la peau ; laissez-la se par-
fumer pendant quelques jours, si la
saison le permet ; bardez-la, mettez-la
à la broche, enveloppée d'un fort papier beurré ; au bout d'environ deux
heures, ôtez le papier ; faites prendre
couleur, et servez.

6.

CHAPITRE X.

CONSERVATION DES TRUFFES.

Un soin préalable pour conserver
les truffes, c'est d'abord de les récolter en septembre, et de choisir dans
le nombre celles qui ne sont pas parfaitement mûres, ou qui touchent au
moment de l'être, et prendre garde
qu'elles soient bien saines, car une
seule gâtée est capable d'altérer toutes
les autres. Leur conservation dépend
de plusieurs circonstances particulières ; si les truffes ont été récoltées
dans un beau temps et par un vent
d'est , leur conservation est facile
pendant une certaine époque ; si, au-

contraire, au moment où on les a ti-
rées de terre, il régnait un vent de sud
et de l'humidité, à peine se gardent-
elles pendant huit jours sans s'altérer.
Mais elles ne se conservent guère
plus de quinze à vingt jours, selon la
saison et l'état du local. On doit prendre garde surtout qu'elles ne soient
exposées à la gelée. En s'altérant,
elles commencent à devenir molles,
se carient, perdent de leur odeur et
de leur couleur; il s'en dégage bientôt une odeur fétide, approchant de
celle des matières animales putréfiées.

Pour conserver les truffes précoces,
nommées en Italie *aoûtaines*, il faut
fouiller le terrain avant qu'elles soient
mûres, les mettre ensuite dans un
panier qu'on tient suspendu dans une
cave ou un autre endroit frais; de

cette manière on peut les garder pendant dix à douze jours ; et pour s'assurer si elles s'altèrent, on les touche et
on les presse avec les doigts ; lorsqu'elles commencent à s'attendrir, il
faut promptement les consommer.

On met en pratique différens procédés pour conserver les truffes. Le
premier consiste à leur laisser la terre
qu'elles gardent au moment de leur
extraction ; on les arrange sur du sable bien sec, et lit sur lit, on les en
recouvre de quatre à cinq pouces ; on
fait en sorte qu'elles ne se touchent
point, et on les tient ainsi dans un
lieu sec : alors on peut les conserver
dans une caisse hermétiquement fer-
mée, en lutant les bords avec de la
cire pour empêcher que l'air y pénè-
tre. C'est ainsi qu'on envoie, en

France et ailleurs les truffes du Piémont. On peut ainsi les transporter
en bon état dans les pays les plus éloignés; deux mois sont le terme de leur
conservation en substance et sans aucun intermède.

Il y en a d'autres, qui, au lieu de
sable, les emballent dans du son;
mais cette manière nous paraît plutôt
propre à accélérer leur détérioration,
à cause de leur propension à s'altérer
et à s'échauffer, pour peu qu'elles
soient humides et qu'il fasse chaud.
Les cendres ont de l'action sur leur
tissu, et sont un mauvais intermède.
Plusieurs mettent leurs truffes dans
un bocal de verre qu'ils tiennent dans
de l'eau qu'on a soin de renouveler
de temps en temps.

Mais lorsqu'il s'agit de les garder

deux ou trois mois, et même au-delà,
on les nettoie, on les lave, et on fait
évaporer leur humidité à l'air, ou à
une douce chaleur, après les avoir
pelées et coupées par tranches épais-
ses d'une ligne. On enfile les morceaux
à un fil qu'on laisse exposé à l'air sec
ou à une douce chaleur dans un poële,
dans une étuve ou dans un tambour
propre à échauffer le linge ; alors elles
se sèchent et se gardent tant que l'on
veut, et ont le même usage que les
mousserons. Mais ce sont ordinairement les blanches, c'est-à-dire celles
qu'on fouille à la fin d'août, qu'on fait
sécher ainsi, parce qu'elles ont peu
de parfum, et qu'on ne peut les conserver long-temps.

Dans cette dessiccation la plus mé-
nagée, la truffe se rembrunit, perd

les trois quarts de son poids et une grande partie de son parfum. Un autre moyen se pratique dans les pays qui récoltent des olives. On enlève la terre adhérente à la surface des truffes, on les fait bouillir un moment, ensuite on les jette dans de l'huile, puis on ferme le vase, en empêchant par tous les moyens possibles la communication de l'air. On conserve par ce moyen assez long-temps les truffes. Dès que l'huile paraît bouillonner et que sa surface se couvre d'une espèce d'écume, il faut les ôter et s'en servir; mais elles ont perdu tout leur parfum, et l'huile, en revanche, en est pénétrée; on peut la mêler aux salades et aux ragoûts, qui s'imprègnent du parfum comme s'il y avait de la truffe. Quelques-uns conseillent de

conserver les truffes récentes, après
les avoir fait cuire sous la cendre,
enveloppées d'étoupes, ou bien de les
faire bouillir dans l'eau avec de l'huile,
du sel et des plantes aromatiques.

Ceux qui ont voulu en conserver
dans du vinaigre comme les corni-
chons, se sont aperçus qu'elles y
contractaient un goût désagréable. La
saumure, proposée pour leur conservation, n'a point produit les résultats
satisfaisans qu'on en espérait.

On met encore un autre usage en
pratique pour conserver les truffes :
quelques personnes font liquéfier de
la cire, et lorsqu'elle est sur le point
de se concréter, ils les y plongent à
diverses reprises, et elles sont recou-
vertes de ce vernis.

Lorsqu'il s'agit de les garder deux

à trois mois, on les nettoie parfaitement, on les cuit au quart dans le
vin, on les retire, on les essuie et on
les fait baigner dans l'huile d'olive ;
mais il faut qu'elles en soient recou-
vertes, afin que l'air ne les touche
point. Le pot dans lequel on les place
doit être hermétiquement couvert et
luté.

Tous ces moyens de conservation
réussissent plus ou moins, mais il en
résulte toujours la perte d'une grande
partie du parfum.

CHAPITRE XI.

EXAMEN CHIMIQUE DE LA TRUFFE.

Il était important, pour perfectionner nos connaissances sur ces singulières productions végétales, de les soumettre à l'analyse chimique. M. Bouillon-Lagrange, connu par ses travaux dans la chimie, s'est occupé de cet objet avec succès, et les résultats en sont consignés dans les *Annales* de cette science (cahier de mai 1803, page 191 et suivantes). Après avoir soumis les truffes à différens agens, et les avoir traitées par divers procédés, nous rapporterons ici les conclusions de ses expériences.

« 1°. Il résulte de cette analyse, que l'odeur et la saveur des truffes sont très-volatiles, puisqu'on les retrouve dans l'eau qui a été distillée dessus.

« 2°. Que l'on ne peut en extraire une fécule, comme des autres végétaux, puisque la matière obtenue par les procédés usités ne fait pas colle avec l'eau, ne s'y dissout qu'en très-petite quantité; que les alcalis caustiques n'en changent pas la nature, et que l'acide nitrique la convertit en une gelée rougeâtre.

« 3°. Que les truffes, même dans l'état le plus sec, laissent dégager de l'ammoniac à l'aide de la potasse caustique, et que l'on en obtient une plus grande quantité quand elles commencent à se pourrir.

« 4°. Que, distillées sans additions, elles donnent une liqueur acide, une huile noire, du carbonate d'ammoniac, du gaz acide carbonique et du gaz hydrogène carboné. Le charbon contient de la magnésie, du phosphate de chaux, du fer et de la silice.

« 5°. Que l'on peut séparer de l'albumine des truffes, en les laissant mûrir dans de l'eau à 30 degrés de chaleur.

« 6°. Qu'à l'aide de l'acide nitrique, on obtient du gaz nitreux, de l'acide carbonique, du gaz azote, des acides axalique, malique, prussique, une matière grasse, enfin l'amer de Welter.

« 7°. Que, mises en fermentation avec addition de ucre, elle donnent

le gaz acide carbonique et de l'al-
cool.

« 8°. Enfin que, d'après les caractères chimiques, les truffes doivent
être distinguées des végétaux, et former une classe particulière, sous le
titre de *végétaux animalisés.* »

Nous observerons avec ce savant
chimiste que plusieurs de ces caractères pourraient être communs à toute
la classe des champignons, car on a
également obtenu des produits animalisés du *nostoc*, des *tremelles*, de
plusieurs *agarics* et *bolets*.

CHAPITRE XII.

MACÉDOINE GOURMANDE.

L'ex-roi de Rome dû à une poularde truffée.

C'EST aux yeux de beaucoup de gens une grande question que de savoir si celui qui fit tant de monarques dans sa vie savait faire également des enfans. Un médecin allemand, le docteur Hilander, composa, en 1815, une grosse thèse sur ce qu'il appelait l'impuissance de Napoléon le Grand : *de impotentia Napoleonis Magni.* Nous avons vu même des royalistes de cette époque, par amour de la légitimité, contester la naissance du roi de Rome et regarder l'accouchement de Marie-Louise comme un escamotage auquel un chirurgien français s'était prêté pour quelques centaines de billets de banque. Le temps a fait justice de la thèse du docteur Hilander et des sottises de quelques hommes de 1815. S'il n'est pas prouvé que le lit fut pour Napoléon un autre trône, il est du moins certain qu'un bourgeois de la rue Saint-Denis ne s'y fût pas mieux conduit que lui ; or, que demander d'un empereur ?

Du reste, il ne faudrait pas s'étonner qu'occupé jour et nuit de si grandes pensées, il eût éprouvé quelquefois de ces fugitifs accidens que l'imbécile vulgaire voudrait attribuer à un défaut d'organisation, et qui n'étaient l'effet que d'un travail trop obstiné, ou peut-être d'un désir trop ardent de montrer qu'il régnait dans le lit comme sur un champ de bataille.

Les premiers mois de son hymen avec la fille des Césars semblaient avoir donné gain de cause à la malignité. L'impératrice était jeune, éclatante de blancheur; l'empereur, maître du monde, n'avait plus de vœux à former : il lui manquait un rejeton, et il n'avait épousé Marie-Louise que pour ne pas mourir sans postérité. Cet homme, qui aurait voulu que les élémens lui obéissent, s'impatientait quand il voyait le retour de certaines époques toujours marquées par les

mêmes accidens; les courtisans répe-
taient sans cesse : attendez; on attendait, et les jours se passaient.

Un jour qu'il causait familière-
ment avec l'un des aides-de-camp du
prince de. . . . ., jeune officier dont
les bonnes fortunes étaient passées en
proverbe, et qui avait autant d'enfans que de maîtresses, il lui de-
manda en riant comment il s'y pre-
nait pour être père si souvent.

L'officier, troublé, balbutia....,
Pressé par l'empereur, il finit par
avouer que c'était une recette de famille.

— Et peut-on connaître cette recette?

— Sire....

— Allons, voyons; je dirai à mes
préfets de la recommander.

— Sire..., ajouta l'officier, je suis de Sarlat, ville renommée par ses truffes. Or, j'ai entendu dire que feu mon père, lorsqu'il était las de se reposer, se faisait servir une poularde farcie de truffes et arrosée d'une bouteille de vin de Champagne. Un mois ne s'était pas passé, que ma mère venait l'embrasser sur le front, en souriant ; c'était un nouveau rejeton qui nous était né.

— Combien d'enfans êtes-vous ?

— Dix-neuf, Sire.

— Dix - neuf ! reprit l'empereur ; c'est donc dix-neuf poulardes farcies ?

— Pardon, ajouta l'officier, la recette opérait quelquefois doublement.

L'empereur sourit, renvoya l'officier, écrivit au préfet de lui envoyer la meilleure dinde qu'il trouverait au marché de Sarlat, et suivit de point en point la prescription de son aide-de-camp, but à lui seul une bouteille de vin de Champagne mousseux, et un mois après, jour par jour, les ambassadeurs des cours étrangères apprirent que l'impératrice était enceinte.

Ce jour même, il revit son jeune officier à la parade; le visage de l'empereur était rayonnant. L'aide-de-camp y crut lire la certitude d'une promotion prochaine. En effet, le lendemain, il reçut le brevet de colonel d'un des régimens de l'armée, en garnison à Périgueux.

La loi des élections et la dinde aux truffes.

On sait que dans les grands débats sur la loi des élections, question qui tint la France attentive pendant près de deux mois, le ministère ne l'emporta que d'une voix.....

Le jour où l'on devait voter, M. B....., député, déjeûnait chez son neveu, M. L......, place de l'O....: c'était la fête de Mme L......, la nièce du législateur. L'amphitryon avait promis qu'on se mettrait à table à dix heures précises, qu'à deux heures on prendrait le café, et qu'à trois au plus tard M. B.... monterait en cabriolet pour se rendre à la Chambre. A neuf heures et demie M. B.... était

chez sa nièce : on cause de la grande
question du jour, on cause de spectacle, de littérature ; les heures s'écou-
lent, midi sonne, et l'on ne parle pas
du dejeûner. Enfin un domestique
vient annoncer qu'il est servi : il était
une heure, qu'on juge de l'appétit
des convives!

Il vous est arrivé sans doute, quand
la faim vous pressait, de vous jeter
avec une sorte de joie sur les premiers plats qu'on vous servait; et
probablement la vue subite d'un mets
inattendu, si vous êtes gourmand,
vous cause un véritable malaise.
Or, ce qui vous arrive advint ce
jour à M. B..., qui croyait le déjeûner
terminé, quand une dinde truffée vint
lui révéler son erreur. Il faut rendre
justice à M. B..., qui, sans rien faire

paraître, mangea de la dinde comme s'il était à jeùn. Il était quatre heures, et M. B.... n'avait pas encore regardé à sa montre. On passe dans le salon, on sert le café, la liqueur qu'aimait avec passion le député; en ce moment la pendule sonne cinq heures....

Cinq heures! s'écrie en se levant M. B...; cinq heures! « *Un cheval, un cheval, un cheval!* crie Richard dans Shakespeare, *un cheval pour un royaume.* » M. B... faisait à peu près la même exclamation; mais au lieu d'un cheval, il criait un cabriolet, et au lieu d'un royaume, il offrait une modeste pièce de 5 francs.

Il n'a pas le temps de dire adieu à sa nièce, il s'échappe comme un voleur nocturne, se jette dans le premier cabriolet venu, offre ses 5 francs pour tenter le cocher, qui répond que dans quinze minutes il sera arrivé place du Palais-Bourbon ; et en effet il allait un train d'enfer, lorsqu'au détour d'une rue la roue du cabriolet accroche un tombereau, se brise, et voilà le pauvre M. B.... qui tombe le nez en terre. On accourt, on lave la blessure, elle était heureusement légère, et une heure après, M. B... continue sa route pour la Chambre.

Qu'on juge de son désappointement, au moment où il arrive essoufflé, le président proclamait le résultat du scrutin. La proposition l'emportait d'une voix : sans la dinde truffée il y avait partage, et qui sait ce qui pouvait arriver ?

Le candidat repoussé avec perte par un pâté truffé.

M. V...., l'un de nos poëtes les plus distingués, avait résolu aux avant-dernières élections de fêter les électeurs de son département. Il avait donc établi sur les diverses routes qui aboutissent au chef-lieu, des sortes de caravansérails, où l'on était traité splendidement, pourvu qu'on montrât sa carte d'électeur.

Deux amis de ce poëte, habitant l'un et l'autre les confins du département, s'étaient mis en route de bonne heure; au milieu de leur chemin, ils s'arrêtent, descendent dans une renommée auberge et demandent à déjeûner.

Dans la conversation, l'hôte leur fait adroitement quelques questions, cite le nom de M. V....., qui est accueilli avec enthousiasme par les électeurs ; il les prie de passer dans la salle voisine.

Une table s'élevait garnie comme aurait pu l'être celle du préfet. Un pâté truffé énorme était placé au milieu : les étrangers de se récrier !

Messieurs dit l'hôte, c'est un tour qu'a voulu vous jouer M. V.... : il savait que la route vous donnerait de l'appétit, et il n'a pas voulu que vous arrivassiez l'estomac vide au chef-lieu. Mettez-vous à table, buvez, mangez ; c'est M. V...... qui vous régale.

Nos deux électeurs s'asseyent, font d'amples libations, mangent comme

8.

quatre, restent deux heures à table,
se remettent en route, et arrivent
quand le compétiteur de M. V...... venait de triompher : il l'avait emporté
de deux voix.

Conseils gourmands relatifs aux truffes.

La truffe se révèle par son parfum ; si donc on vous offre des truffes
sans arôme, rejetez-les : l'odeur est à
une truffe ce que sont les vers à un
poëme épique. Il y a des gens qui di-
sent, et Ramsay entre autres, que
le poëme épique peut être écrit en
prose : hérésie aussi monstrueuse que
celle de ces prétendus gastronomes
qui prétendent avoir mangé des truffes

excellentes, et qui pourtant n'avaient pas d'odeur.

————

M. Brillat Savarin, de gourmande mémoire, sautait en l'air quand il entendait dire à un amphitryon que le cuisinier avait ôté la pellicule d'une truffe. Barbare! criait-il, la pellicule! la pellicule! tu ne sais donc pas que la nature prévoyante enveloppa la truffe d'une écorce légère pour préserver son arôme du contact de l'air? En la dépouillant de ce tissu, tu en ouvres les pores, et tu laisses échapper ces molécules odorantes qui titillent si doucement les nerfs olfactifs d'un gourmand. »

DE LA CULTURE DES CHAMPIGNONS.

CHAPITRE PREMIER.

DES CHAMPIGNONS EN GÉNÉRAL.

LINNÉ classe cette famille de plantes dans sa Cryptogamie, parce qu'elles n'ont ni fleurs ni graines apparentes; elles sont aussi dépourvues de feuilles. Bulliard leur a reconnu des semences; mais Bosc croit que ce ne sont que de petits rudimens, des bourgeons imperceptibles, en un mot des petits champignons tout formés, et non de véritables semences.

Les botanistes comptent dix-neuf

genres de champignons, et près de cinq cents variétés. Il faudrait un volume entier pour les décrire exactement ; encore ces descriptions, quelque bien faites qu'elles fussent, ne donneraient pas un moyen infaillible de distinguer les espèces vénéncuses des espèces comestibles, puisque les plus saines deviennent vénéneuses par vétusté.

Ne pouvant donc assigner aux champignons des caractères assez décidés pour distinguer sûrement et facilement toutes les variétés de champignons comestibles de celles dont l'usage serait pernicieux, nous n'en donnerons ici ni les noms ni la description.

CHAPITRE II.

DU CHAMPIGNON CULTIVÉ ET DE SA CULTURE.

Le champignon cultivé, ou champignon de fumier de cheval, est rond en naissant; quelques heures après son sommet s'aplatit un peu, et, si l'on diffère trop de le cueillir, il s'étend en parasol. Le dessus est couvert d'une peau lisse, grise ou blanche, suivant la qualité du fumier. Le dessous est blanc, très-légèrement teint de rouge, et, lorsque le champignon s'est développé, ce dessous est garni de lames, membranes ou feuillets très-nombreux et très-serrés, disposés en rayons, et teints de rouge.

La tête, le bouton ou chaperon du champignon, est portée par un gros pédicule court, cylindrique et lisse. La chair du bouton et du pédicule est blanche et spongieuse. Ce champignon, cueilli fort petit, et presque en naissant, est d'un parfum et d'un goût très-agréables. Parvenu à environ un pouce de diamètre, et conservant sa forme ronde, il fait plus de profit et moins de plaisir. Si on le laisse vieillir, se développer entièrement, et acquérir toute sa grandeur, son odeur désagréable avertit de s'en défier, comme d'un mets peut-être dangereux.

Tout l'art d'élever des champignons consiste à donner à du fumier et de la terre le degré de chaleur et d'humidité nécessaire. Le champignon cul-

tivé naît sur deux sortes de couches,
dont l'une se nomme meule. Passons
maintenant à la manière de multiplier
les champignons, que l'on n'est parvenu à se procurer à volonté, que depuis une centaine d'années au plus,
en la soumettant à des procédés de
culture aussi difficiles qu'ingénieux.

Long-temps on a fait des couches
à champignons, sans être certain des
résultats qu'on en obtiendrait : la
première, c'est que l'on négligeait
trop la préparation et le choix du fumier dont on les construisait ; la seconde, c'est qu'on n'ensemençait pas
les couches, et que l'on attendait leur
production du hasard. Mais aujourd'hui, que l'expérience a instruit
les cultivateurs, en général on est
certain du succès.

On appelle blanc de champignon
de petits filamens blancs, ressemblant,
au premier coup d'œil, à de la moi-
sissure, et se trouvant sur la terre,
le fumier ou le terreau, sur lesquels
ont crû des champignons, et particulièrement autour de leur pied.

La première chose à faire, c'est de
voir si l'on pourra se procurer de ce
blanc; car sans lui l'opération serait d'une réussite fort douteuse. Ce
blanc de champignon se trouve en dé-
faisant les vieilles meules, ou en
construisant des couches *ad hoc*, ou
enfin en le cherchant autour des
champignons qui croissent spontané-
ment dans les champs, et en le transportant avec la terre dans laquelle il
se trouve.

Le succès de la meule à champi-

9

gnons dépend, en grande partie, du
choix et de la qualité du fumier, qui
doit être de cheval nourri au sec. On
donne même la préférence à celui des
chevaux nourris à l'avoine, et on le
rejette quand il provient de ceux
nourris au son, ou chez les brasseurs.
L'essentiel, toutefois, est qu'il soit
court, bien imbibé d'urine et mélangé
de crottin, et qu'il ne soit sorti de l'é-
curie qu'après avoir servi de litière
pendant une huitaine de jours au
moins.

Il faut, près du lieu où doit être
faite la meule, entasser du fumier de
cheval avec le crottin, hors de la
portée des volailles et autres animaux
de basse-cour, qui pourraient le
fouiller ou le gratter. On le laisse
ainsi, pendant trente ou quarante

jours, jeter son grand feu , et seulement trois semaines ou un mois s'il
est par petits tas.

On trace au cordeau une longueur
à volonté, sur trois pieds de large ,
en lieu frais , sans humidité, et un
peu ombragé pendant l'été , bien exposé pendant les autres saisons , et
couvert de huit à dix pouces de pla-
tras ou de pierrailles , et de quelques
pouces de sable.

Il ne faut pas négliger de remanier
les tas de fumièr, gros et petits, pour
en retirer le foin et les longues pailles qui s'y trouvent. Avec le fumier
court et le crottin , on dresse la meule
comme une couche ordinaire, haute
d'un pied, sur trois pieds de large,
et la longueur marquée sur le terrain

préparé. On a soin ensuite de la mouiller amplement.

Quatre ou cinq jours après, pour arrêter la trop grande chaleur, on défait la meule, dont on remanie le fumier. On en retire environ un tiers du plus long, que l'on remplace avec autant de fumier neuf, le plus court possible. Avec ce tiers de fumier neuf et les deux tiers du fumier remanié, on refait la meule de deux pieds de largeur sur quinze pouces de hauteur, et l'on entasse, à portée, le tiers du fumier retiré, en remaniant la meule. Nous devons faire observer que, si, en remaniant la meule, on y trouvait une trop grande quantité de chaleur, il faudrait la rétablir telle qu'elle était, et, quelques jours après, la remanier une seconde fois.

Six jours après que la meule a été refaite et fixée, on fait avec la main, tout le long de son flanc, et de ses flancs, si elle n'est pas faite contre le pied d'un mur, un rang de trous distans d'un pied, six ou huit pouces environ au-dessus du sol. On met dans chaque trou, à fleur des fumiers, et non pas trop enfoncé, un morceau de trois ou quatre pouces de blanc de champignon. Aussitôt que la meule est lardée de ce blanc, on remet par-dessus environ le tiers du fumier resté en la remaniant, et l'on dresse le sommet en dos de bahut, ayant dans le milieu une hauteur égale à sa largeur.

Il faut, deux ou trois jours après, battre, avec une pelle, tout le pour-tour de la meule, pour mastiquer et

9.

incorporer le blanc avec les fumiers.
On arrache ensuite toutes les pailles
qui débordent. On couvre toute la
surface de la meule d'un pouce de
bonne terre meuble, ou ameublie
avec du sable ou du terreau, et l'on
jette par-dessus trois pouces de grand
fumier neuf, mais moins sur le dos
ou sommet, qui ne doit être que légèrement couvert. Huit jours après,
on ajoute encore autant de fumier
neuf, avec la même attention d'en
mettre peu sur le sommet de la
meule.

On laisse écouler huit jours, et l'on
découvre tout-à-fait la meule, dont
on nettoie bien toute la superficie des
ordures que les couvertures y ont
laissées. On secoue le fumier de ces
couvertures, et, avec le plus long,

on refait une légère couverture d'environ un doigt d'épaisseur. On jette
par-dessus à peu près trois pouces
d'épais de fumier neuf, qui aura res-
suyé en tas pendant huit jours, et
encore par-dessus le reste des fumiers
remaniés, lorsque la meule a été fixée,
avec la même attention de ne pas trop
en charger le dos.

Quinze jours après, on découvre
la meule jusqu'à la chemise, ou petite couverture épaisse d'un doigt; on
regarde dessous si le champignon se
forme; on marque, avec de petites
baguettes, les places où il en paraît,
et l'on remet les couvertures.

Lorsque le blanc de champignon
est bien pris, il s'agit alors de *gopter*
la meule, qu'on raffermit, s'il est nécessaire, comme nous l'avons dit plus

haut, ou même en la battant légèrement avec la palette ou le dos d'une
pelle de bois. Si le temps est sec, on
donne un léger arrosement, puis on
applique, sur toute sa surface, une
couche de terre très-légère, à laquelle
on mêle assez souvent du sable fin,
ou même du terreau pur, mais très-
consommé, et réduit en poussière.

Quelques jardiniers passent même
la terre et le terreau au tamis. On recouvre le tout de trois pouces de fumier neuf, excepté vers le haut de la
meule, qu'on laisse presque découvert. Huit jours après, on remet une
couche de fumier neuf, de la même
manière que la première, et huit autres jours après, on découvre entièrement jusque sur la terre. On recueille
les champignons, s'il y en a de bons,

et, au bout de cinq jours, même opération.

Enfin, lorsque la meule paraît disposée à produire partout également,
on la découvre tous les trois jours,
et en hiver tous les cinq jours. C'est
le temps de récolter; mais il faut re-
couvrir aussitôt. En été, et dans les
temps secs, on mouille légèrement
après chaque récolte. En hiver, on
augmente les couvertures, suivant le
degré du froid.

Souvent toute la vigilance du jardinier est insuffisante pour préserver
une meule en plein air des dangers
qu'elle court par des temps d'orage,
de pluie, de sécheresse, de froid et
de chaud. Aussi vaut-il mieux l'établir dans une serre ou dans d'autres
bâtimens couverts. Sans doute, elle

exige les mêmes façons, mais elle y
court moins de dangers.

Elle est encore beaucoup mieux
dans une cave, où on la prépare
comme nous venons de l'expliquer ;
mais, lorsqu'elle est goptée de terre,
elle n'a besoin ni de chemise, ni d'autres couvertures, ni d'aucun soin,
pourvu que les portes et les soupiraux
soient si bien fermés que l'air ne
puisse y pénétrer.

Quant aux couches à champignons,
objet important, qui demande beaucoup d'expérience et de pratique,
c'est toujours en plein air qu'il faut
les établir, dès le mois de septembre ;
mais l'essentiel est de les placer dans
un terrain sec, qui absorbe promptement l'humidité, pour ne pas refroidir ou pourrir la base des cou-

ches, qui doivent durer long-temps.

Lorsqu'une couche a cessé de produire, on la défait, et l'on met à part
le blanc de champignon, que l'on enlève en forme de petites galcttes et
que l'on place dans un endroit sec,
pour le conserver. Ce blanc de champignon peut être bon pendant deux
ans, s'il est déposé dans un lieu à l'a-
bri de la gelée et de la moindre humidité. On conserve, de même, en dé-
faisant les vieilles meules, le blanc
qu'elles ont produit.

CHAPITRE III.

DE L'EMPOISONNEMENT PAR LES CHAMPIGNONS ET DES SECOURS A ADMINISTRER EN PAREIL CAS.

Les meilleurs champignons sont indigestes, et il est très-facile de les confondre avec les champignons malfaisans. Parmi les personnages célèbres dont la mort a été causée par les champignons, on compte la femme et les enfans d'Euripide, les empereurs Tibère et Claude, dont Néron ordonna l'apothéose, en disant que les champignons étaient un mets des dieux, le pape Clément VII, le roi

Charles IV, et la veuve du czar Alexis.

Les symptômes qui caractérisent l'empoisonnement par les champignons, sont le vomissement, l'oppression, la tension de l'estomac et du bas ventre, l'anxiété, les tranchées, la soif violente, la cardialgie, la dyssenterie, l'évanouissement, le hoquet, le tremblement général, la gangrène et la mort. Justement alarmée des accidens fréquens causés par les champignons, a institué l'autorité des inspecteurs pour visiter tous ceux qui seraient apportés aux marchés de Paris (1). L'administration a aussi

---

(1) *Ordonnance de Police concernant les champignons.*

Paris, le 12 Juin 1820.

Nous, ministre d'État, Préfet de Police,

10

chargé le conseil de salubrité de rédi-

Considérant que, pour prévenir les accidens occasionés par l'usage des champignons de mauvaise qualité , il importe de renouveler les règlemens et instructions publiés à ce sujet ;

Vu 1° les articles 23 et 33 de l'arrêté du gouvernement du 12 messidor an VIII (1er juillet 1800), et de l'article 1er de celui du 3 frimaire an IX , (25 octobre 1800) ;

2°. L'ordonnance de police du 13 mai 1782 ;

La loi des 16-24 août 1790 , tit. XI, art. 3 , §. 4 , et celle du 22 juillet 1791, tit. Ier , art. 20.

3°. Les rapports de l'École de Médecine et du Conseil de salubrité près la Préfecture de Police ;

4°. L'instruction rédigée par le Conseil de salubrité sur les moyens de distinguer les bons champignons d'avec les mauvais ;

Ordonnons ce qui suit :

ART. Ier. Le marché aux Poirées continuera d'être affecté à la vente en gros des champignons.

II. Tous les champignons destinés à l'approvisionnement de Paris , devront être apportés sur le Marché aux Poirées.

ger l'instruction suivante pour secourir

III. Il est défendu d'exposer et de vendre aucuns champignons suspects , et des champignons de bonne qualité qui auraient été gardés d'un jour à l'autre , sous les peines portés par la loi (*Ordonnance de Police du* 13 *mai* 1782).

IV. Les champignons seront visités et examinés avec soin avant l'ouverture de la vente.

V. Les seuls champignons achetés en gros au Marché aux Poirées, pourront être vendus en détail , dans le même jour , sur tous les marchés aux fruits et légumes , et dans les boutiques de fruiterie.

VI. Tout jardinier qui aura été condamné par les tribunaux pour avoir exposé en vente des champignons malfaisans ou de mauvaise qualité, sera expulsé des halles et remplacé.

VII. Il est défendu de crier , vendre et colporter des champignons sur la voie publique.

Il est pareillement défendu d'en colporter dans les maisons.

VIII. Les contraventions seront constatées par des procès-verbaux qui nous seront adressés.

promptement et efficacement les personnes empoisonnées.

IX. La présente ordonnance sera imprimée,
publiée et affichée, ainsi que l'instruction du
Conseil de salubrité.

Cette instruction sera adressée aux sous-préfets
des arrondissemens de Saint-Denis et de Sceaux,
et aux maires des communes rurales, pour y
donner la plus grande publicité.

X. Les commissaires de police, et spécialement celui du quartier des Marchés, l'inspecteur-général de police, les officiers de paix, le
commissaire inspecteur-général des halles et
marchés, et les autres préposés de la préfecture,
sont chargés de tenir la main à l'exécution de la
présente ordonnance.

Le Ministre d'État Préfet de Police,

Signé, comte ANGLÈS,

Par le Ministre d'État,

Le secrétaire-général de la Préfecture de Police,

Signé, FORTIS.

INSTRUCTION

SUR LES CHAMPIGNONS.

Les champignons les plus propres à servir d'alimens sont, de leur nature, difficiles à digérer. Lorsqu'ils sont mangés en grande quantité, ou qu'ils ont été gardés quelque temps avant d'être cuits, ils peuvent causer des accidens fâcheux.

Il y a des champignons qui sont de *vrais poisons*, lors même qu'ils sont mangés frais.

Pour les personnes qui ne connaissent point parfaitement ces végétaux

10.

et qui ont l'imprudence d'en cueillir
dans les bois ou dans les champs,
nous allons indiquer les principaux
caractères propres à distinguer l'espèce de champignons; ensuite nous
décrirons, en abrégé, plusieurs espèces bonnes à manger; enfin nous
placerons, à côté de ces espèces, la
description des champignons qui en
approchent pour la ressemblance, et
qui cependant sont pernicieux.

Le champignon est composé d'un
chapiteau ou tête, et d'une tige,
sorte de queue ou pivot qui le sup-
porte. Lorsqu'il est très-jeune, il a la
forme d'un œuf, tantôt nu, tantôt
renfermé dans une poche ou *bourse*.
Quand le chapeau se développe sous
forme de parasol, il laisse quelquefois
autour de sa tige les débris de la

bourse, qui prennent le nom de *collet.*

Le chapeau est garni en dessous de feuillets serrés qui s'étendent du centre à la circonférence.

BON CHAMPIGNON.

Champignon ordinaire, *agaricus campestris.* On le trouve dans les pâturages et dans les friches. Il n'a point de bourse, son pivot ou pied à peu près rond, plein et charnu, est garni d'un collet très-apparent. Son chapeau est blanc en dessus, ses feuillets ont une couleur de chair ou de rose plus ou moins claire.

C'est ce champignon que l'on fait venir sur couche, et c'est le seul *champignon de couche* qu'il soit per-

mis de vendre à la halle et dans les
marchés de Paris. Il ne peut nuire
que lorsqu'on en mange en trop
grande quantité, ou qu'il est dans un
état trop avancé.

MAUVAIS CHAMPIGNON.

On peut confondre avec cette
bonne espèce une autre qui est très-
pernicieuse ; c'est le *champignon
bulbeux, agaricus bulbosus*, ainsi
nommé parce que la base de son pivot est renflée en forme de *bulbe*,
autour duquel on retrouve des vestiges d'une bourse qui renfermait le
chapeau. Il a aussi le collet comme
le bon champignon. Les feuillets
sont blancs et non point rosés, le
dessus du chapeau est tantôt très-

blanc, tantôt verdâtre ; quelquefois le chapeau verdâtre est parsemé en dessus de vestiges ou débris de la bourse.

C'est ce champignon, surtout celui qui est blanc en dessus, qui a trompé beaucoup de personnes et qui a causé des accidens funestes.

Il faut rejeter tout champignon ressemblant d'ailleurs au champignon ordinaire, dont la base du pied ou pivot est renflée en forme de bulbe, qui a une bourse dont on retrouve les débris et dont les feuillets du chapeau sont blancs et non point rosés.

BONS CHAMPIGNONS.

Oronge vraie, agaricus aurentiacus. Ce champignon a une bourse

très-considérable. Il est ordinairement
plus gros que le champignon de couche. Son chapeau est rouge en dehors ,
ou rouge orangé, ses feuillets sont
d'une belle couleur jaune. Son support ou pied est jaunâtre, très-renflé,
surtout par la base; il est garni d'un
collet assez grand et jaunâtre. Ce
champignon, qu'on trouve dans les
taillis à Fontainebleau, et dans le midi
de la France, est un mets délicat et
très-sain.

Oronge blanche, *agaricus ovoï-
deus*. Elle est moins délicate que la
précédente; elle a la même forme,
une bourse et un collet pareils; elle
n'en diffère qu'en ce que toutes les
parties sont blanches.

MAUVAIS CHAMPIGNON.

Oronge fausse, agaricus pseudo-aurentiacus. Son chapeau est en dessus d'un rouge plus vif, et non orangé comme celui de l'oronge vraie ; il est parsemé de petites taches blanches qui sont les débris de la bourse. Son support est moins épais, plus arrondi, plus élevé ; les restes de la bourse ont plus d'adhérence avec la bulbe qui est à la base du support. La réunion de la couleur rouge du chapeau et de la couleur blanche des feuillets est un indice assuré pour distinguer la fausse oronge de la vraie.

La fausse oronge se trouve dans les environs de Paris et en divers lieux de la France, notamment dans la forêt de Fontainebleau ; c'est un des champignons les plus vénéneux, et qui produit les accidens les plus terribles.

Plusieurs autres champignons bulbeux et malfaisans ont des rapports moins marqués avec l'oronge vraie ; les uns sont recouverts de tubercules nombreux ou d'un enduit gluant, les autres ont une couleur livide, une odeur désagréable, et leur seule vue les fait rejeter.

BONS CHAMPIGNONS.

Mousserons. Ils croissent au milieu de la mousse ou dans des friches gazonnées. Ils sont d'une couleur fauve ; le chapeau, de forme plus ou moins irrégulière, est couvert d'une peau qui a le luisant et la sécheresse d'une peau de gand. Le pivot plein et ferme peut se tordre sans être cassé. On en distingue de deux espèces ; l'une plus grosse, plus irrégulière, à pivot plus gros et par proportion plus court ; c'est le *mousseron ordinaire, agaricus mouceron*. L'autre est plus menu, son chapeau est plus mince, son support est plus grêle, c'est le *faux mousseron, agaricus pseudo-mouceron*. Ils sont bons à manger tous les deux, et d'un goût fort agréable.

MOUSSERONS SUSPECTS.

On peut confondre avec ce mousseron plusieurs petits champignons de même couleur et de même forme qui n'ont point son goût agréable. On les distinguera parce que la surface de leur chapeau n'est pas sèche, qu'ils sont d'une consistance plus molle, que leur support est creux et cassant.

Parmi les champignons feuilletés, il en est encore beaucoup que l'on peut manger impunément ; mais comme ils ressemblent à d'autres plus ou moins dangereux, il est prudent de s'en abstenir.

On doit cependant encore distinguer la *chanterelle*, *agaricus cantharellus*. C'est un petit champignon jaune dans toutes ses parties. Son chapeau, à peu près aplati en dessus, prend en dessous la forme d'un cône renversé, couvert de feuillets épais, semblables à de petits plis, et est terminé inférieurement en un pied très-court. Cette espèce est recherchée.

Parmi les champignons non feuilletés, nous ne parlerons point du *cepe*
ou *bolet*, *boletus esculentus*, dont
une espèce est très-estimée dans le
midi, mais dont on fait peu de cas à
Paris; non plus que des *vesse-de-loup*,
lycoperdon, dont on fait très-rare-
ment usage, à cause du peu de goût
qu'elles ont, et parce que leur chair
se change trop promptement en poussière.

BON CHAMPIGNON.

Morille, *phallus esculentus*. Sur
un pivot élargi par le bas, porte le
chapeau toujours resserré contre lui,
ne s'ouvrant jamais en parasol, inégal
et comme celluleux sur sa surface ex-
térieure; ce champignon croît dans

les taillis au pied des arbres ; il est
sain et très-recherché.

MAUVAIS CHAMPIGNON.

Le *satyre*, *phallus impudicus*,
qui ressemble à la morille par son
chapeau celluleux, a un pied très-
élevé sortant d'une bourse. Le chapeau est plus petit et laisse suinter
une liqueur verdâtre. Ce champignon
exhale une très-mauvaise odeur, et est
très-dangereux.

BON CHAMPIGNON.

Girole ou *clavaire*, *clavario coral-
loïdes*. Ce champignon diffère de tous
les précédens. C'est une substance
charnue, ayant une espèce de tronc

qui se ramifie comme le chou-fleur, et se termine en pointes mousses ou arrondies. Sa couleur est tantôt blanchâtre, tantôt jaunâtre tirant sur le rouge. Son goût est assez délicat. On ne connaît dans ce genre aucune espèce pernicieuse.

On ne saurait trop recommander à ceux qui ne connaissent pas parfaitement les champignons, de ne manger que ceux qui sont généralement reconnus pour bons ; le champignon de couche, le champignon ordinaire, l'oronge vraie, l'oronge blanche, les deux mousserons, la chanterelle, le cepe, la morille, et la girole.

11.

ACCIDENS

CAUSÉS PAR LES CHAMPIGNONS.

———

LES personnes qui ont mangé des champignons malfaisans éprouvent plus ou moins promptement tous les accidens qui caractérisent un poison âcre stupéfiant; savoir des nausées, des envies de vomir, des efforts sans vomissement, avec défaillance, anxiétés, sentiment de suffocation, d'oppression, souvent ardeur avec soif, constriction à la gorge ; toujours avec douleur à la région de l'estomac, quelquefois des vomissemens fréquens et violens, des déjections alvines *(sel-les* ou *garde-robes)* abondantes, noi-râtres, sanguinolentes, accompagnées de coliques , de tenesme, de gonfle-ment et tension douloureuse du ven-tre. D'autrefois, au contraire, il y a rétention de toutes les évacuations, rétraction et enfoncement de l'om-bilic.

A ces premiers symptômes se joi-gnent bientôt des vertiges , la pesan-teur de la tête, la stupeur, le délire, l'assoupissement, la léthargie, des crampes douloureuses, des convul-sions aux membres et à la face, le froid des extrémités et la faiblesse du pouls. La mort vient ordinairement terminer en deux ou trois jours cette scène de douleur.

La marche, le développement des

accidens présentent quelque différence , suivant la nature des champignons, la quantité que l'on en a man-
gée et la constitution de l'individu.
Quelquefois les accidens se déclarent
peu de temps après le repas , le plus
ordinairement ils ne surviennent qu'a-
près dix à douze heures.

Le premier objet, dans tous ces cas,
doit être de procurer la sortie des
champignons vénéneux. Ainsi on doit
employer un vomitif, tel que tartrite
de potasse antimonié ou *émétique*
ordinaire ; mais pour rendre ce re-
mède efficace il faut le donner à une
dose suffisante, l'associer à quelque
sel propre à exciter l'action de l'estomac, délayer, diviser l'humeur glai-
reuse et muqueuse dont la sécrétion
est devenue plus abondante par l'im-

pression des champignons. On fera
donc dissoudre dans un demi-kilo-
gramme (une livre ou chopine) d'eau
chaude, deux à trois décigrammes
(deux ou trois gros) de sulfate de
soude (sel de Glauber), et on fera boire
à la personne malade cette solution
par verrées tièdes, plus ou moins
rapprochées, en augmentant les do-
ses jusqu'à ce qu'elle ait des évacuations.

Dans les premiers instants le vomissement suffit quelquefois pour entraîner tous les champignons et faire
cesser les accidens; mais si les se-
cours convenables ont été différés,
si les accidens ne sont survenus que
plusieurs heures après le repas, on
doit présumer que partie des champignons vénéneux a passé dans l'in-

testin, et alors il est nécessaire d'a-
voir recours aux purgatifs, aux lave-
mens faits avec la casse, le séné et
quelque sel neutre pour déterminer
des évacuations promptes et abondantes. On emploiera dans ce cas avec
succès comme purgatif, une mixture
faite avec de l'huile douce de Ricin
et le sirop de pêcher, que l'on aroma-
tisera avec quelques gouttes d'éther
alcoolisé (liqueur minérale d'Hoff-
mann) et que l'on fera prendre par
cuillerées plus ou moins rapprochées.

Après ces évacuations, qui sont
d'une nécessité indispensable, il faut,
pour remédier aux douleurs, à l'irri-
tation produite par le poison, avoir
recours à l'usage des mucilagineux,
des adoucissans que l'on associe aux
fortifians, aux nervins. Ainsi on pres-

crira aux malades l'eau de riz gom-
mée, une légère infusion de fleurs de
sureau coupée avec du lait, et à laquelle on ajoutera de l'eau de fleurs
d'orange, de l'eau de menthe simple
et un sirop. On emploiera aussi avec
avantage les émulsions, les potions
huileuses aromatisées avec une certaine quantité d'éther sulfurique.
Dans quelques cas on sera obligé
d'avoir recours aux toniques, aux
potions camphrées, et lorsqu'il y aura
tension douloureuse du ventre, il
faudra employer des fomentations
émollientes, quelquefois même les
bains, les saignées; mais l'usage de
ces moyens ne peut être déterminé
que par le médecin, qui les modifie
suivant les circonstances particulières; car l'efficacité du traitement

consiste essentiellement non pas dans les spécifiques ou antidotes, dont on abuse si souvent le public, mais dans l'application faite à propos de remèdes simples et généralement bien connus.

Les membres composant le conseil de salubrité.

Signé, PARMENTIER , DEYEUX, THOURET, HUZARD, LEROUX, DU-PUYTREN, C.-L. CADET.

———

On a observé que les champignons comestibles étaient moins indigestes, et que les champignons vénéneux étaient moins funestes, lorsqu'ils avaient été quelque temps macérés

dans le vinaigre. Aussi plusieurs médecins et botanistes conseillent-ils de
faire mariner les champignons avant
de les manger. En Italie, on prépare
une sauce blanche qu'on appelle *mos-
tarda bianca*, et qui passe pour un
excellent correctif; c'est une espèce
de moutarde composée, dans laquelle
entre du jus de citron. On vante aussi
contre les accidens causés par les
champignons, un élixir dont voici la
composition :

Aloès succotin, une once deux
gros.

Myrrhe pulvérisée, une once et
demie,

Résine de gayac, une once deux
gros ;

On met ces substances, chacune à

part, dans une pinte d'eau ; on agite les bouteilles tous les jours pendant une quinzaine. On décante et on mêle les liqueurs ensemble. On prend un verre à liqueur de cet élixir dès qu'on ressent la moindre incommodité après avoir mangé des champignons, et chaque fois qu'on vomit on en reprend la moitié de cette dose.

M. Braconnot, pharmacien à Nancy, a fait l'analyse chimique de plusieurs champignons (1). Il en a retiré une substance particulière, à laquelle il a donné le nom de *fongine* Après avoir été traitée par l'eau bouillante un peu aiguisée d'alcali, cette substance est plus ou moins blanche,

---

(1) Annales de chimie, tome 76, page 265.

molasse, fade, insipide, peu élasti-
que et friable. L'eau bouillante lui
enlève le virus, principe fugace. Aussi
les Russes mangent-ils, sans être in-
commodés, plusieurs champignons
vireux après les avoir fait bouillir.
Les propriétés particulières de la
fongine ont engagé M. Braconnot à
l'ajouter comme nouveau corps à la
liste nombreuse des produits immé-
diats retirés des végétaux.

CHAPITRE IV.

BIBLIOGRAPHIE DES CHAMPIGNONS.

SANS parler des faits qui se trouvent dans les écrits des anciens, et particulièrement dans ceux de Théophraste, de Dioscoride, de Pline, de Galien, sur les champignons, on connaît quantité de recherches des plus célèbres naturalistes modernes, sur cette famille de plantes. Nous nous bornerons à citer les ouvrages de Césalpin, in-4°, Florence, 1583; de Solenander, in-fol., Francfort, 1596; de Lobel, Anvers, 1581; de Fabius Columna, in-4°, Rome, 1616; de

Gaspard Bauhin, in-4°, Bâle, 1625 et
1671 ; de J. Bauhin, in-fol., Embrun,
1650 ; de Loësel, in-4°, Kœnigsberg,
1656 ; de Magnol, in-8°, Lyon, 1676,
de Mentzel, in-fol., Berlin, 1682 ; de
Ray, en 1686 et en 1704 ; de Tour-
nefort, en 1697 ; de Plumier, en 1705 ;
de Garidel, in-fol., Aix, 1715 ; de
Dillenius, in-8°, Francfort-sur-le-
Mein, 1719 ; de Vaillant, in-fol.,
Leyde et Amsterdam, 1727 ; d'An-
toine de Jussieu, en 1728 ; de Miche-
li, in-fol., Florence, 1729 ; de Linné,
en 1735 et en 1753, de Haller, en
1742 et 1768 ; de Hill, en 1751 et
1773 ; d'Adanson, in-8°, Paris, 1763 ;
de Jacquin, 1773 ; d'André Murray,
en 1774 ; de Vildenow, in-8°, Berlin,
1787 ; de Hedwig, in-fol., Leipsick,
1787 et 1788.

12.

Les auteurs qui suivent ont écrit spécialement sur les champignons.

BOTAL (Léonard), *Fungus strangulatorius*, in-16. Lugduni, 1565.

STERBEECK (François), *Theatrum fungorum oft het tonneel*, etc.; Théâtre des champignons, in-4°. Anvers, 1712.

BREYNE (J.-Ph.), *De fungis officinalibus*, diss., in-4°. Leyde, 1702.

LANCISI (Jean-Marie), *De ortu vegetatione ac textura fungorum*. Diss., in-fol. Romæ, 1714.

PENNIER, Dissertation physico-médicale sur les truffes et les champignons; in-12. Avignon, 1766.

BONGIOVANNI, *Storia di sette donne risanate del velino dei fungi.* — (Histoire de sept femmes empoison-

nées par les champignons.) Vérone,
1789.

BULLIARD (Pierre) , Histoire des
champignons de la France; in-folio
avec des planches coloriées. Paris,
1791 —1812.

PAULET, Traité des champignons,
2 vol., in-4°. Paris, 1790—1808,
orné de deux cents planches coloriées.

FIN.

TABLE.

(143)

FIN DE LA TABLE.

ON TROUVE AU RABAIS

CHEZ LE MÊME LIBRAIRE :

Œuvres de Ségur, 38 vol. in-18.   40 fr.

Histoire de France, 12 vol. in-8.   30 fr.

Histoire générale des Voyages, 24 vol. in-8 et atlas.   75 fr.

Voyage d'Anacharsis, 7 vol. in-8 et atlas.   38 fr.

Fables de La Fontaine, 2 vol. in-12, 246 fig.   5 fr.

Plan de Paris, avec monumens.   4 fr.

Carte routière du voyageur aux environs de Paris, ornée de monumens.   5 fr.

Petite carte de l'Europe.   1 fr. 50 c.

Conducteur de l'étranger à Paris.   3 fr. 50 c.

Citateur dramatique, 4e édition.   2 fr. 50 c.

Les mille et une nuits, 7 vol. in-8, fig.   55 fr.

Contes de Sarrasin, 6 vol. in-18.   18 fr.

Le Payeur des ouvriers, in-18.   75 c.

Nouvel Almanach du bon jardinier, in-12.   5 fr.

Manuel complet des ménages, in-12.   5 fr.

Cours de littérature de La Harpe, 18 volumes in-8.   60 fr.

Histoire de Paris, 10 vol. in-12, fig.   40 fr.

Et un grand assortiment de livres bien reliés
pour les étrennes.

www.ingramcontent.com/pod-product-compliance
Lightning Source LLC
Chambersburg PA
CBHW050126210326
41519CB00015BA/4127